《虫子旁》里的虫子不限于六条腿的昆虫，还包括百条腿的呀、没有腿的呀这些泛指意义上的虫子们。所以呀，这不是一本关于昆虫科学研究的书呢。

谨以此书献给随园书坊的虫子们

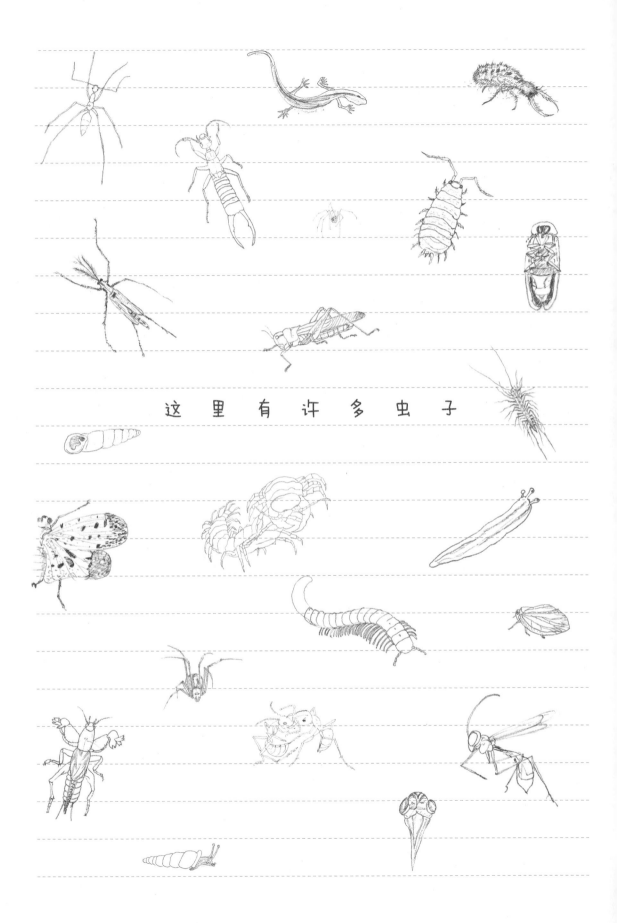

这 里 有 许 多 虫 子

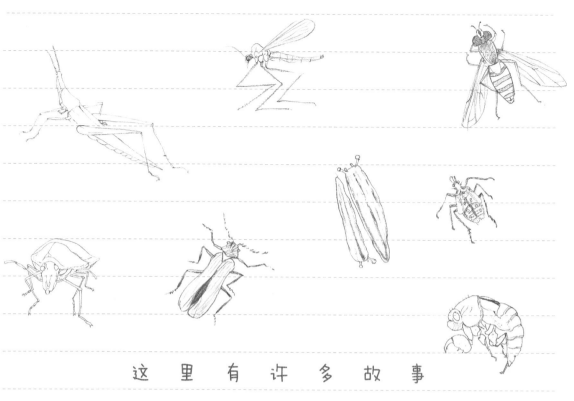

这 里 有 许 多 故 事

这些故事都发生在随园书坊

随园书坊原是一处废弃的印刷厂房
改造后，它是我和小虫子们的工作室

书坊的北边有一块狭长的空地
繁花杂树在此自由生长
种植的丝瓜和葫芦交错攀爬

寒来暑往
不管是喜阴还是趋光的小虫子都可以在这里找到住所

地上、墙上、树上……
请跟我来

随园书坊

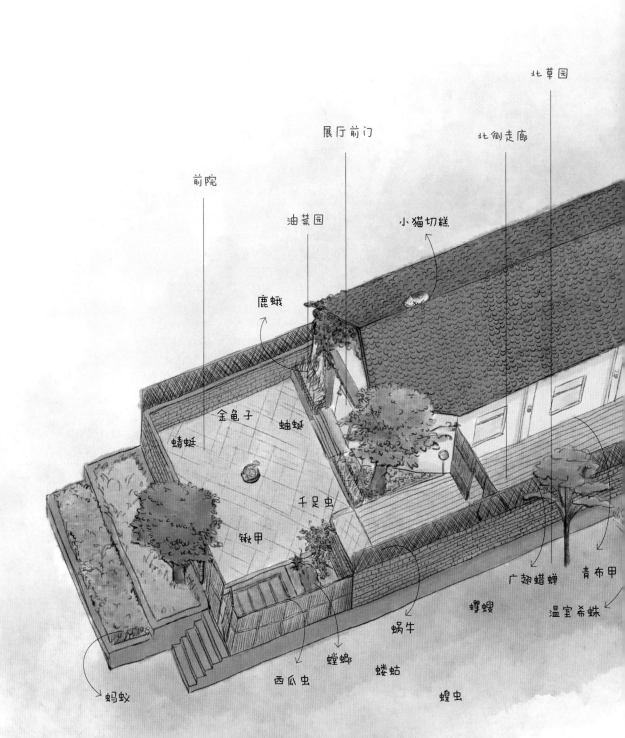

北草园

展厅前门

北侧走廊

前院

油菜园

小猫切糕

鹿蛾

金龟子

蛐蛐

蜻蜓

千足虫

锹甲

广翅蜡蝉

青布甲

螽蟖

温室希蛛

蜗牛

螳螂

蝼蛄

蝗虫

西瓜虫

蚂蚁

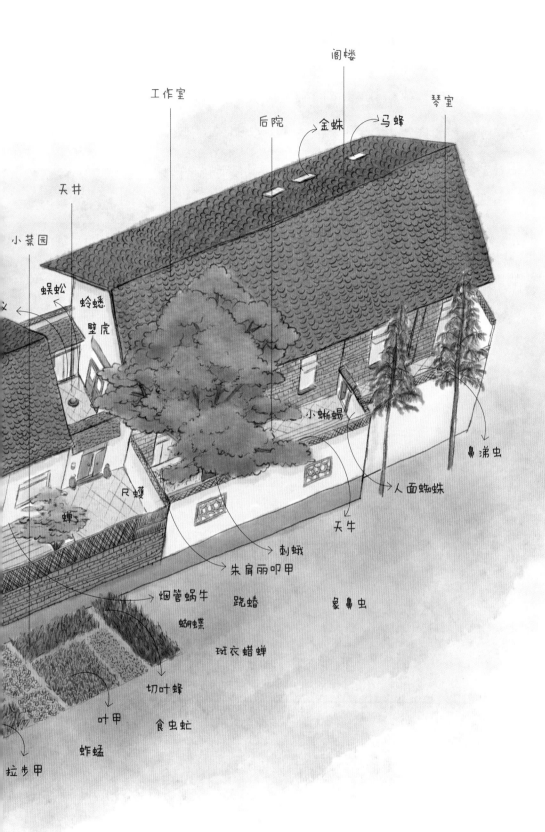

阁楼

工作室

后院 金蛛 马蜂 琴室

天井

小菜园

蜈蚣

蛉蟋

壁虎

小蜥蜴

鼻涕虫

尺蠖

蝉

人面蜘蛛

天牛

刺蛾

朱肩丽叩甲

烟管蜗牛 跽蝽 象鼻虫

蝴蝶

斑衣蜡蝉

切叶蜂

叶甲 食虫虻

蚱蜢

拉步甲

随园书坊地图及虫子故事发生地点图

# 随园书坊实景图

**阁楼**

打开天窗，可看到枫杨树冠。常会有落叶飘下，曾有一只蜘蛛由此进入室内。墙上挂着风干的丝瓜、葫芦和花生。桌上会养一些水培植物。

**后院**

朝北，光照少。墙角有一只会织字的人面蜘蛛，木地板下面住着一只小蜥蜴，鼻涕虫会在墙壁上散步。

**枫杨树**

百年树龄，夏天常听到知了鸣唱其间，尺蠖也会由此吐丝降落。秋天，朱肩丽叩甲曾从树上摔落下来。肉嘟嘟的刺蛾常在树干上爬行。

**天井**

东墙住着蚂蚁家族，西墙有泥蜂做的窝。廊檐木柱上，有幽灵蛛和温室希蛛织网，墙根偶尔有蜈蚣和蚰蜒路过。

北草园

繁花杂树，自由生长。春天可看到蝴蝶的卵和伪装成叶芽的尺蠖，夏夜可听到各种虫鸣，也可见到萤火闪烁。

竹篱笆

光照好，夏天丝瓜和葫芦交错攀爬。斑衣蜡蝉常在叶子深处歇脚，椿象也会来青藤上乘凉，竹管里住着切叶蜂一家。

前院

向阳而开阔。蜻蜓喜欢成群结队在院中飞舞，矮墙上可看到拖家带口的蜗牛。院子里的朴树下面，是金龟子、螳螂和蝼蛄的家园。

展厅前门

墙上有爬墙虎，门口有油菜花。春天可看到蜜蜂和蝴蝶在此忙碌，门框边的墙缝，常埋伏着蜥蜴或壁虎。烟管蜗牛喜欢在屋檐下睡觉。

zhù yíng chūn guān chóng rì zhì

zài nǐ hū lüè de dì fāng　hái yǒu yī gè jīng cǎi de shì jiè

在你忽略的地方，还有一个精彩的世界

# 虫子旁

朱赢椿 著

湖南科学技术出版社  浦睿文化 INSIGHT MEDIA

# 目录

# CONTENTS

• mǎ yǐ
蚂 蚁

种类很多，寿命很长，有的蚂蚁可存活十年。它们是建筑专家，在地下建造的"家"牢固、安全、舒服，道路四通八达。蚁群中有明确的分工，互相合作照顾。

触角：蚂蚁利用触角交流

唇基

上颚
抓取式咬碎食物

# 早春的劳模

时间：04.03
地点：前院矮墙

早春，桃花早早爬上了枝头，天气依然还很冷。

三只勤劳的蚂蚁，正排着队，忙着为大家庭寻找食物呢。

走着走着，它们发现了两块瓷砖之间有一道缝隙，于是停下了脚步。

第一只蚂蚁斜着身体，把左前腿伸进缝隙里搜寻；

第二只蚂蚁用两条前腿支撑着台面，其余四条腿试探着缝隙的深浅；

第三只蚂蚁索性倒挂着身体，把整个上半身都伸进缝隙里，露出了撅起的屁股。

蚂蚁们劳动的姿态，让人打心底里生出敬意。

# 早啊！小蜘蛛

时间：03.08
地点：工作室阁楼

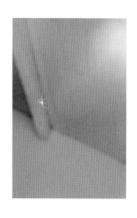

　　清晨，我推开阁楼的天窗，一缕阳光洒到桌面上，书本一下子被染上了金黄色。

　　我翻开本子，想写点什么，竟发现了一个比芝麻还小的影子，在本子上若隐若现，隐约还能看见细细的脚在不停地挥舞着。

　　我迎着光望去，啊，原来是一只金色的小蜘蛛，它正从天窗上慢慢地飘荡下来，在阳光的照射下，通体透明，好看极了。

　　小蜘蛛的胆子真大啊，把我的笔记本当成了它降落的目的地，而这个陌生的雪白的页面也让它很迷茫。

　　它不停地在白纸上用脚试探着，爬了一会儿，可能又觉得这白白的本子过于无聊了，干脆抬起头直直地看着我，不过它的黑眼睛实在太小了。

　　早啊！小蜘蛛！我在心里和它打了个招呼，可它并不理我，而是径自爬到了一摞书上，然后沿着显示器边缘一直攀爬到窗台上。

　　我明白了它的意图，赶忙推开窗户，只见小蜘蛛在窗棂上吐了一些丝，纵身一跃，荡到窗外灿烂的阳光中。

- zhī zhū
  蜘 蛛

节肢动物，种类很多，体长不等，食肉，主要捕食小昆虫。很多种类的蜘蛛都有毒腺，可以分泌出毒液，对小动物有致死效果，有些品种的毒液效果强大，还能危及人类的生命。

# 小蚁被枯枝砸伤了腰

时间：04.18
地点：书坊前院

　　刚过完清明，天气时冷时热，大树迟迟不肯长出嫩芽，风也刮得一阵紧似一阵，柳絮被吹到半空，远远看去，像是漫天的雪花在飞舞。

　　一只大蚂蚁和一只小蚂蚁，蹒跚地走在青石板上，在家里窝了一整个冬天，刚出来，似乎还适应不了外面的天气。

　　它们在冰凉的石板上搜寻了半天，没找到吃的，有些灰心。正准备回家，突然，一根枯枝从头顶掉落，正砸在小蚁的腰板上。小蚁吓坏了，这根枯枝比它的身体长10倍，对它的细腰来说，简直就是致命的撞击。

　　正当小蚁动弹不得时，大蚁匆忙赶了过来，它用触角试探了一下枯枝，又和小蚁用触角"交流"了一下，似乎是在告诉它不要慌张。随后，大蚁咬住枯枝，尝试着把枯枝抬起，可被压住的小蚁还是无法移动。于是大蚁再次咬住枯枝，拼尽全力将枯枝向后推移，推了好久，终于将枯枝挪开了。

　　被砸的小蚁伤得很重，已经站不起来了，大蚁见状，轻轻叼起它，跟跄着一起向家的方向走去。

长足捷蚁又叫长脚捷蚁
在书坊的瓦缝和岩石下出没
触角很长

喜欢生活在已开垦的田野上
黄棕色的皮肤十分光滑
凶猛

# 会移动的白色小花

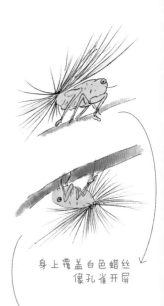

身上覆盖白色蜡丝
像孔雀开屏

尾部可以拟态
保护自己

书坊的竹篱笆上，爬满了各种不知名的野生植物，我栽种的丝瓜、扁豆、葫芦等很难抢过它们的风头。

在野藤上，有一朵白色的小花正在绽放，可是这花又有点奇怪，没有完整的花瓣，而是一丝一缕的絮状，有点像随风飘来的柳絮。

我伸出手想去摸一下，这朵"小白花"竟然向上移动了一下，接着转向了野藤的背面。我赶忙凑近去看：原来是一只很小很小的虫子，身体是半透明的，十分精致，像是被精雕细琢出来的微型玉蝉，而白色的"花冠"竟然是虫子的尾巴，远看就像一朵盛开的小白花。

查了资料后，我才知道，这是"昆虫界的小孔雀"——广翅蜡蝉的幼虫。它们从没见过自己的母亲，在成长的路上，它们总是独自经历风雨，如果遇到危险，就只能靠自己去应对，可它们并没有像其他的虫子，靠装死或者变成丑陋的模样来吓退敌人，而是选择了用优雅的姿态来保护自己。

真的让人很佩服！

- guǎng chì là chán
  广 翅 蜡 蝉

  广翅蜡蝉的若虫
  （不完全变态昆虫
  的幼虫称为若虫）
  尾部具有放射状
  蜡冠，犹如孔雀
  开屏。

# 虫子们的日光浴

时间：06.05
地点：北草园

　　阳光和照，一株不知名的植物茎秆上，四只虫子，一边悠闲地散步，一边享受着日光浴。

　　身体翠绿色，腿细细长长的那只叫跷蝽。

　　身体黑色，向下弯曲着鼻子的是象鼻虫。

　　最右边那位，身材瘦小，探出脑袋的是沫蝉。

　　左下角，胖墩墩的那只就是常见的甲虫。

　　虫子们悠闲地散着步，偶尔碰头，礼貌相让，保持着令彼此都很舒适的距离。

　　跷蝽的个头最大，也最像一个绅士。它那细长的腿优雅地抬起放下，慢悠悠地来回踱步，好像一位主人，正在招呼远道而来的客人。

　　这个惬意的早晨，四只心平气和的虫子，安然相处，不争，不抢，这就是它们幸福的当下了。

身体．足．触角细长

行动时常将身体抬高
如踩高跷一般

qiào chūn
跷　蝽

体形脆弱纤细的长足昆虫，褐色，以植物为主食。常见于世界各地稠密的植被中，性格慵懒。

# 晨光里的较量

弓背蚁在书坊的地上很常见
偶尔也会出现在墙上
但大多不会往高处爬
蚁穴多建于潮湿处

风和日丽，气温正好。

阳光透过枫杨树叶的缝隙，斑驳地洒在书坊的庭院里。

一只小弓背蚁，早早地来到庭院里，可地面刚刚被清扫过，它一点吃的都没找到。

有些失望的小弓背蚁，决定爬到河滩石上去找找看，因为以前常常有人随手把没吃完的汉堡扔在那里。

石头已经被太阳晒得暖暖的，站在石头的顶端，小弓背蚁惬意地伸伸腿摇摇触角，这么美好的阳光，就算没找到吃的，也没关系啊。

突然，小弓背蚁感觉到触角被什么东西粘住了。

天啊，是蛛丝！要命的蛛丝！

小弓背蚁赶忙挥舞起右前肢，想要将触角解救出来，却连右前肢也一起被蛛丝缠住了。但幸好，这张蛛网织得并不牢固，小弓背蚁还有力气挣扎。

书坊最常见的蜘蛛
不管白天黑夜都在网上守候
常会藏在落在网上的树叶和草中

- gōng bèi yǐ
  弓　背　蚁

  大部分是黑色的，喜欢在潮湿的地方安家，喜欢挖掘已经被水破坏的树木，所以又被叫作"木匠蚁"。

蜘蛛正在向它的猎物慢慢靠近，蛛丝也在渐渐收紧，小弓背蚁感觉到自己的触角和右前肢已经不听使唤了，不仅动弹不得，还可能马上就要被扯断。

蜘蛛越来越近，似乎已经能听到它的喘息。

此时，小弓背蚁迎着蜘蛛的方向向前迈了半步，却突然向后猛地用力。"啪！"蛛丝断成了两半。

小弓背蚁扭头就开始一路狂奔，冲下石头，冲到自己的蚁穴门口，才停了下来。

惊魂稍定，它伸出左前肢摸摸自己的额头。还好，两根触角都在，只是其中一根有点皮外伤。

# 螳臂挡椿象

　　我在前院的河滩石旁栽了几棵爬墙虎，想让这块不大的河滩石将来被密密麻麻的叶子遮住，这样，刻在上面的"随园书坊"四个字若隐若现的样子一定很美。

　　栽完爬墙虎，我远远端详，想象着爬墙虎爬满石头的样子。恍惚中，从石头的背面，竟探出一只小虫的头来。它全身上下都是深灰色的，脸微微有些胖，触角短短的，好像一片瓜子壳，还镶着红边，样子看上去很是滑稽。

　　这是一只椿象，我正想给它拍照，这时又有两根细长的触须从椿象身后探了出来，脑袋是个倒着的三角形，一双翠绿色的大眼睛，呀，竟然是一只螳螂。这只螳螂的体形虽然不算很大，但挥舞着的两只前肢像两把大刀，显得气势汹汹。

体后有一臭腺开口
遇到紧急情况释放臭气

体色为深褐色

在书坊北草园可见到各种椿象，
颜色各异

chūn xiàng
椿　象

有名的"臭气专家"，具有臭腺，遇危险便分泌臭液以逃生，又被叫作"放屁虫"。

头呈三角形·灵活，可自由转动

胫节呈镰刀状，所以螳螂也称刀螂

复眼，大而明亮

táng láng
螳　螂

呈镰刀形的前肢长而有力，有非常锋利的尖刺，在捕食时能牢牢抓住猎物。强而有力的口器，能轻易咬破及咀嚼猎物。体形修长，通常比较扁平。头部呈三角形，可自由转动。

我心头一紧——难道一场螳螂捕椿象的惨剧就要上演？

椿象并没有逃跑，它先是一怔，本能地向旁边挪动了一下身体。螳螂一点也不着急，紧盯着椿象，似乎在思考应该先攻击哪个部位，反正这只小虫子应该早已是自己的刀下之物。

椿象微微抬起身体，一对触角轻轻地颤抖着，看着面前的螳螂悠悠地挥舞着"大刀"，似乎有点害怕。难道它准备束手就擒？

突然，椿象挥舞起前肢，猛地冲向螳螂，疯狂地撕咬起螳螂那还未来得及举起的"大刀"。螳螂被椿象的突袭惊得目瞪口呆，还没有反应过来，此时椿象又迅速转过身撅起屁股，对着螳螂喷出一股臭气。螳螂差点被熏倒，不但没有挥刀砍向这只发了疯一般的灰色小虫，反而收起了"大刀"，掉头而逃。看着螳螂逃跑的身影，椿象当然没再去追赶，而是转过身用一副得胜者的姿态看着我。

# 玉兰花开

六月中旬，随园书坊的小院内外，枝繁叶茂，郁郁葱葱。

北草园的广玉兰树上，几个白色花苞好像有着什么约定，各自卯着劲，谁也不愿第一个把花瓣打开。

终于，凌晨时分，那个最大的花苞憋不住了，悄无声息地炸裂开来。盛开的广玉兰，色泽淡雅素净，花瓣肥厚绵软，像被人泼上了一层浓浓的牛奶。层层叠叠的花丝和花药把花蕊包裹成圆柱形，饱满圆润。

虫子的嗅觉要比人类灵敏得多。

马蜂第一个钻进花瓣里，可它看着硕大的花瓣、饱满的花蕊，竟然彷徨起来。苍蝇静静地落在花蕊上，没有不停地搓脚，也忘了尽情地吟唱。蚂蚁也放下手中的活，循着花香匆匆而来，只见它把头深深地埋在花蕊里，整个身体都酥软了，好久也不见动弹一下。旁边的树枝上飘荡来一只小蜘蛛，它在花瓣上吐了一根丝，却并没有继续织网，而是吊在半空一动不动。

听不到虫鸣，也没有风，浓郁的花香醉倒了蜘蛛、蚂蚁、苍蝇和马蜂。

花瓣凋谢后自行掉落到地上

像个工艺品，结构精致

玉兰花蕊

# 一场虚惊

时间：05.16
地点：天井桌面

在书坊天井的东墙檐口，住着庞大的蚂蚁家族。每当夏季暴雨来临前，总能看到蚂蚁们排着长队上下奔波，日夜忙碌。

有一天，一只天牛飞了下来，深赭色的身体，黑色的斑纹，凸起的两肩，像是穿了一套武士的盔甲；额头上还长着两只长长的触角，能够自由转动，远远看去就像是美猴王头顶上的雉鸡翎。它飞起来时，张开着的翅膀像极了一件潇洒的大披风，威武异常。

不过，这只天牛虽然外表帅气，却十分蛮横无理，竟然肆无忌惮地飞到我的桌子上来，一边用它那尖利的爪子划过我的桌面，一边嘴里还发出"嘎吱嘎吱"的声响，一副咬牙切齿的姿态。

我起身让座，想看看它究竟能得寸进尺到何种地步。这时，一只小蚂蚁沿着桌腿爬到了桌面上。我想保护小蚂蚁，于是伸出手指，试图挡住它的去路，可

上颚强壮，能钻入树内生活

会发出「嘎吱嘎吱」的声音

长长的触角很是威武雄壮

天牛的正面真有美猴王的气势

• tiān niú
  天 牛

种类很多，分布也很广泛，因其"力大如牛"，善于在天空中飞翔，因而得"天牛"之名；又因它发出"嘎吱嘎吱"之声，很像是锯树之声，所以又被称作"锯树郎"。

它却硬是绕开了我的手指，直奔天牛而去。

也罢，那我干脆就旁观一下，这庞然大物遇到"小黑点"，态度又会如何。

小蚂蚁浑然不觉眼前这个怪物有多可怕，照样探出自己的两根触角。我本以为天牛会一巴掌拍死这个"小黑点"，但它似乎也并没有生气，而是歪着头打量起这个在自己眼皮下移动着的"小黑点"，非常好奇的样子，一边看着，一边嘴里仍然发出"嘎吱嘎吱"的声响，这次，像是在大笑。

站在一旁观察的我，拍拍胸口，看来是一场虚惊。

原来，这威武凶猛的天牛是个素食主义者。

# 抑郁的叶甲

午后，我在菜园里散步，看到一株野山药，细嫩的藤，肥肥的叶子，绿绿的，很好看。肥肥的叶子上有一只叶甲，黄底黑斑的那种，虽然看到我走近，但并没有飞走。于是，我把野山药连根拔起，连同这只淡定的叶甲一起带回书坊。

我轻轻擦去野山药叶子上的灰尘，用水培的方式养在花瓶里，而叶甲依然一动不动地待在叶子上。

几天过去了，野山药长势很好，可叶甲依然和那天一样，呆呆地趴在叶子边缘，似乎从来没想过要飞走。我用小草棒逗它，它也不肯动弹一下，它是自闭，还是抑郁了？

又过了几天，我在书坊的矮墙上遇到一只正在闲逛的小尺蠖，于是把它带回去放在叶甲的身旁。有虫陪伴，这样叶甲会不会觉得开心一点？

小尺蠖初来乍到，好像很兴奋，弓着身子爬来爬去，还不时地用脑袋蹭一下叶甲，可叶甲依然很冷淡，一点也不想和尺蠖玩耍，它那黄色的甲壳也渐渐失去光泽。这只叶甲大概无药可救了，我打算第二天一早就把它放归菜园。

第二天早上，我刚推开门，就看到了温馨的一幕。

太阳透过天窗照在野山药碧绿的叶子上，而叶甲终于挪动了位置，和尺蠖头挨着头，正惬意地晒着太阳。它那黄底黑斑的壳在阳光的照耀下显得格外光滑而明亮。

yè jiǎ
叶 甲

甲虫的一种，圆圆的，触角的长度大约占到身体长度的一半，主要吃谷物和观赏植物。

# 洪水来袭

时间：05.20
地点：展厅墙脚

马路边的消防栓被撞坏了，水沿着墙脚迅速漫溢过来。虫子们争相夺路而逃。松毛虫毛茸茸的身体本来就肥嘟嘟的，被水打湿后又变得十分沉重，简直让它寸步难行。

西瓜虫在慌乱中爬到了一片落叶上。昼伏夜出的小蜈蚣被洪水惊扰了美梦，匆忙起床逃命。受伤的虎甲原本就无精打采，眼一睁，已置身洪水中，只好一瘸一拐地逃命，很是可怜。

这时，虫子们逃生的路上，一队蚂蚁正在有条不紊地搬家，队伍浩浩荡荡，分工明确，行进有序，有的扛着谷物，有的抱着卵，有的嘴里则衔着蚂蚁宝宝。

听说蚂蚁有预知天气的能力，它们可能知道明天会有大暴雨来临，所以正把家搬往另一个地方，却对此刻身旁汹涌而来的洪水一无所知。

水势越来越猛。

小蜈蚣和虎甲在水流的追赶下，跑得气喘吁吁。可蚂蚁的队伍却犹如一条黑色的河流横在它们的眼前。小蜈蚣停住了脚步，打算遵守交通规则，可蚂蚁的队伍不见首尾，好像永远没有尽头，令它十分焦急。虎甲也跌跌撞撞而来，它本想凭借自己惊人的弹跳力跃过蚂蚁大队，可前几日翅膀和后腿都受了伤，只好作罢。

这时，搬家的队伍中突然冲出了几只蚂蚁，分别堵在蜈蚣和虎甲的面前，它们可不想让人扰乱队伍行进的秩序。虎甲被两只凶猛的蚂蚁逼得直往后退缩，只好和蜈蚣一起，改变路线，沿着蚂蚁搬家的方向继续仓皇逃命。

洪水很快漫溢过来。蚂蚁们却还在来回穿梭着。很快，水流吞没了这支浩浩荡荡的队伍。

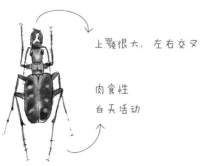

上颚很大，左右交叉

肉食性
白天活动

● hǔ jiǎ
虎甲

头比较大，白天常在山区道路或沙地上活动，以捕食小虫为生。它的速度非常快，1秒可以跳出自己体长171倍的距离。当人们在路上步行时，虎甲总是距行人3～5米，头朝行人；当行人向它走近时，它又低飞后退，仍头朝行人，好像在跟人们闹着玩。因为它总是挡在行人前面，所以有"拦路虎"和"引路虫"的外号。

# 汪洋中的小蚁

　　昨夜一场暴雨之后，早上反而热得更厉害了。

　　小蚁在发烫的水泥路面上，正寻找着食物，可这被太阳晒得热气腾腾的地面都快要把它烤熟了，它只好小心翼翼地踮着脚尖一步一步慢慢往前走。

　　一辆汽车呼啸而过，车轮碾过路边的水洼，瞬间，溅射的水花让小蚁仿佛置身于汪洋大海之中。小蚁吓坏了，扭动着肢体拼命地挣扎，扑腾了半天，还呛了好几口水，最后总算跟跄着爬上了岸。

　　唉，小蚁真的想不明白，怎么眨眼的工夫，就水火两重天了呢？

小蚁刚爬上岸，用前肢梳理触角

022

# 烟管蜗牛的午觉

时间：08.10
地点：展厅北墙

呈纺锤形
又像烟管

一般为深褐色
有触角
多出现于雨后书坊墙上

天气异常闷热，烟管蜗牛已经一个星期不吃不喝了。夏天是它最需要休眠的时候，不下雨绝对不能出来，否则炽热的阳光一定会晒伤它柔嫩的身体。

可这个夏眠注定质量不高，因为它睡在了别人的交通要道上。

珀蝽走累了，趴在烟管蜗牛的身上休息，还用脚趾不停地挠它的气孔。

一只绿背的蜘蛛赶跑了珀蝽，尝试着搬走烟管蜗牛的身体，但烟管蜗牛像根钉子一样牢牢地钉在墙上，绿背蜘蛛只好无奈地走开。

温室希蛛也看好了这块地方，它想在烟管蜗牛的身体和墙壁之间织一张网，可忙活了半天，织出来的网太小，根本网不到什么，只好放弃。

尺蠖爬到烟管蜗牛的身上，丈量了一下之后，发现烟管蜗牛竟然和自己的身体一样长，于是伏在它身上进入了梦乡。

这个夏天真郁闷，烟管蜗牛不断地被骚扰，没有睡过一天好觉。

- yān guǎn wō niú
  烟 管 蜗 牛

  形状像烟管的蜗牛，颜色和体长各异，外形十分精致小巧。

- pò chūn
  珀 蝽

  成虫多是较长的椭圆形，外壳很有光泽，头部、前胸背板和盾片都是鲜绿色，背部两侧则是红褐色。

# 墙缝里的小爪子

体宽而扁
分15节
每节有一对足
最后一对足很长
触角长
有毒颚
行动快

　　一只蚰蜒正悠哉悠哉地顺着墙壁往上爬行，忽然，从墙缝中伸出一只小爪子。

　　我忙凑过去看，可能是我的呼吸声让小爪子的主人受了惊吓，小爪子又缩进了墙缝里。

　　于是我立在墙边，屏住呼吸，一动不动，不一会儿，那小爪子又慢慢地伸了出来，接着头也伸了出来，原来是一只小蜥蜴。

　　小蜥蜴的眼睛紧紧地盯着蚰蜒，好像并没有看到我。

　　听说蜥蜴的舌头是很长的，我在等着那个瞬间——就像电视里放的，蜥蜴转动灵活的眼睛，射出长长的舌头，准确地把猎物卷进嘴里。

　　可蜥蜴打量着眼前的"午餐"：暗绿色的头，数不清的腿，身上还有红色的斑点。它犹豫了。

　　而蚰蜒竟然哆嗦起来，扭动着腰肢，绕着圈折返，对着小蜥蜴不断摆动着两只长长的触须。

　　小蜥蜴后退了一下，终究没敢下口，又悄悄地缩回墙缝，半天也不敢伸出小爪子。

　　蚰蜒见小蜥蜴不再有动静，扭回了身子，继续悠哉悠哉地迈腿向屋檐爬去。

● yóu yán
　蚰 蜒

像蜈蚣，但比蜈蚣小，身体是黄褐色，有15对细长的脚，喜欢阴暗潮湿的地方，捕食小虫，俗称"钱串子"，又名"地蜈蚣"。

# 蜘蛛家的遮阳篷

时间：08.15
地点：展厅北墙

小蜘蛛把卵袋咬破一起涌了出来，但并不敢走远，只在空卵袋附近活动。

　　蜘蛛的卵袋非常别致，上面小下面大，远看既像桃核，又像倒置的小气球。卵袋的质地很像羊皮，布满了细小的褶皱，不仅非常结实，而且防水，即使遭遇风雨也无大碍。卵袋的内壁则蓬松而柔软，如天鹅绒一般，可以起到防寒保暖的作用。

　　小蜘蛛能够在这样温暖舒适的卵袋里诞生，真的很幸运。可是，蜘蛛妈妈的负担却真的不轻啊！因为它每天要同时照应三只卵袋。

　　接下来的几天里，蜘蛛妈妈的任务将更加繁重。因为有一只卵袋里的小蜘蛛已经迫不及待想来到外面的世界了。卵袋被小蜘蛛们咬破了，一下子涌出来一百多只小蜘蛛。它们刚出卵袋，不敢离开妈妈，只能聚集在卵袋附近。

　　因为外面非常危险！不仅有喜欢捕食蜘蛛的壁虎，还有反复无常的天气。尤其是最近几天，明明刚刚还日照晴空，转眼就风雨交加，小蜘蛛们一时还抵挡不了这些。

　　于是，蜘蛛妈妈忙碌了起来，它先在破了的卵袋周围织了一层保护网，既可以防止小蜘蛛乱跑，还能把入侵者都阻挡在门外。紧接着，蜘蛛妈妈又爬到卵袋上方的墙角，吐了一些乱丝。

我正纳闷，这是要做什么呀？这时，一片枫杨树的叶子就飘落了下来，正好被凌乱的蛛丝拦住，就在卵袋的上方变成了一个十分实用的遮阳篷。

这样，刚出卵袋的小蜘蛛不但可以在遮阳篷下乘凉，而且再也不会被雨水淋湿啦。

# 今日堂食

　　今天的路面，特别干净，没有一片树叶、一粒草籽。蚂蚁们寻寻觅觅，从正午到傍晚，忙碌了大半天，还是一无所获。

　　眼看着夕阳西下，气温渐渐下降，毕竟一天没吃东西了，蚂蚁们的动作也越来越迟缓，可是晚上难道还得空着肚子回家吗？

　　"啪！"

　　突然，一团黏糊糊的鸟粪从天而降，有好几只蚂蚁都被砸中了，不幸丧生！其他的蚂蚁也被吓得魂飞魄散，立刻四处逃窜。

　　安静了片刻，一只只蚂蚁又回头来看个究竟。它们小心翼翼地慢慢靠近那一摊致命的黏稠物，伸出触角谨慎地探寻之后，发现这里面似乎还有草莓种子的气息——竟然是可以吃的！

　　但是它们既扛不动，也拖不走，于是放弃了搬运的打算，兴奋地围着鸟粪，就地坐好，开始了圆桌盛宴。

　　还有一只小蚂蚁被派回去通风报信：今晚有一批同伴不回来吃晚饭了！

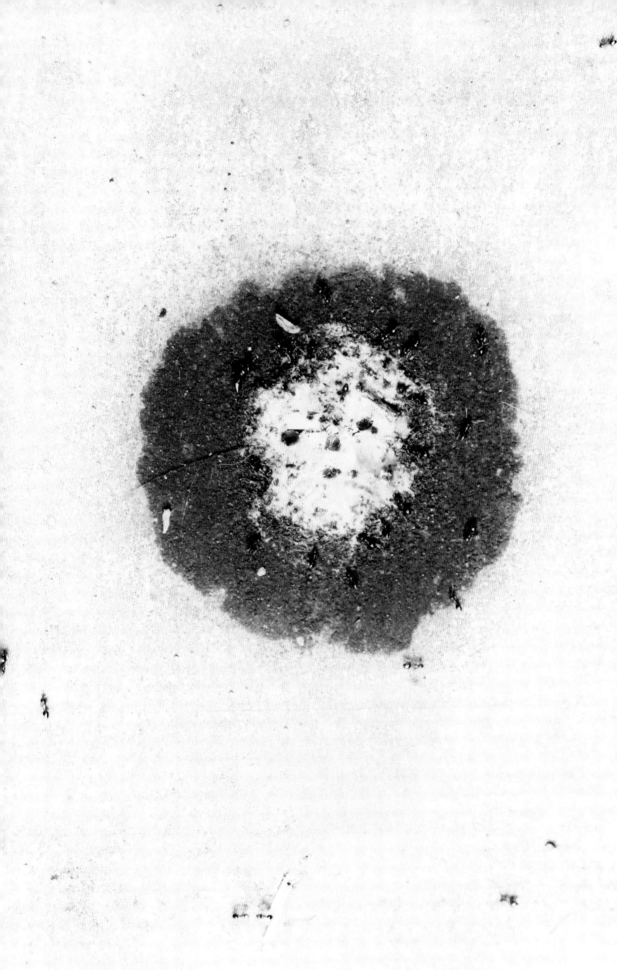

# 懒惰的刺蛾，要面子的鼻涕虫

看来刺蛾是真的吃多了，身体比前几天明显胖了许多。它趴在墙上，动都懒得动一下。

鼻涕虫昨天可能也吃了一夜，撑得够呛，走起路来，鼓鼓囊囊的肚子是个很大的负担，现在该找个阴凉的地方休息一下了。

可是刺蛾懒懒地横在鼻涕虫面前，没有半点挪动的意思，而鼻涕虫也懒得绕路。

鼻涕虫用触角试探着碰了一下刺蛾，本想提醒刺蛾挪一挪让条道。谁知鼻涕虫的触角刚一碰上刺蛾，马上就缩短了一截。

鼻涕虫不知道，刺蛾的刺不但坚硬，还有毒。

刺蛾连眼睛都懒得睁开，继续酣睡。

僵持了一会儿，鼻涕虫鼓足勇气，赤身裸体地从刺蛾的身体上爬了过去。

可能是刺得深，辣得痛，鼻涕虫的整个身体都蜷缩成一团，好半天都不能舒展开来。

但鼻涕虫毕竟没有绕路，好歹面子没丢。

时间：07.06
地点：后院墙壁

鼻涕虫，软体动物，据说非常怕光，强光下2～3小时即可死亡

可自由伸缩爬行，经过处会留下白色痕迹

刺蛾行动不是爬行而是滑行
附肢上密布褐色刺毛
受惊时会蜇人

- bí tì chóng
  鼻涕虫

  即蛞蝓，又称"水蜒蚰"，俗称"鼻涕虫"，是一种软体动物，雌雄同体，外表看起来像没壳的蜗牛，体表湿润有黏液。

- cì é
  刺蛾

  体色鲜艳，附肢上密布褐色刺毛，像乱蓬蓬的头发，结茧时附肢伸出茧外，用以保护和伪装。受惊扰时会用有毒刺毛蜇人，并引起皮疹。

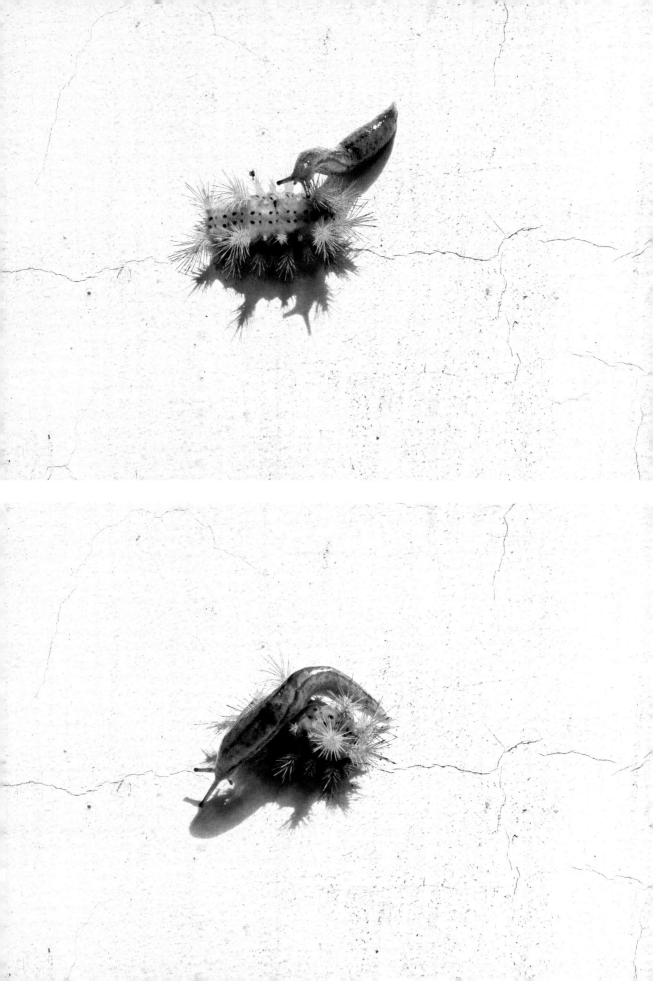

# 月光下

天色渐渐暗下去，月亮悄悄升起来。

院子里的河滩石上，两根微型的电视机天线在石头后面缓缓地移动着。

好像是一只成年蜗牛在散步。

唉，可是这只蜗牛怎么背着两个壳呀？

只见蜗牛的两根触角左右地摇晃着，大壳上有一个螺旋形的小小壳，小小壳的边缘还装饰着深赭色的花纹，在月光的映照下显得格外精致。

原来是一只刚出生不久的小蜗牛，正坐在妈妈的背上打着瞌睡呢。

蜗牛头部有两对触角

顶端的触角有眼睛
触碰时会收缩

034

# 骑金龟子的蜗牛

　　刚刚下了一场雨，空气清新了许多。

　　金龟子的壳被雨水冲洗得很干净，它趴在矮墙上一动不动，看红蜘蛛织网。

　　蜗牛们在壳里憋了好久，迫不及待地出来散步。路上，墙上，树上，到处都能见到它们的身影。其中一只蜗牛不幸受了伤，可能是被谁不小心踩了一脚，不过幸好壳还没破，只是非常疼痛，于是行动也变得迟缓起来。

　　几只蚂蚁尾随而来，受伤的蜗牛拼尽全力艰难地爬上路边的矮墙，可蚂蚁们却紧追不舍。

　　这时一只金龟子庞大的身躯挡在了蜗牛面前，蜗牛便索性爬到了金龟子的背上，企图暂时躲避蚂蚁的袭击。

　　正在休息的金龟子发觉有人竟然敢爬上自己的背，火冒三丈，急切地想甩掉这个无礼的家伙。于是，它迈开脚步向前狂奔，红蜘蛛的网都被它撞得支离破碎了，蜗牛却还牢牢地钉在它的背上，似乎正在骑着一匹受惊的野马。

　　看着金龟子驮着蜗牛远去的身影，蚂蚁们望尘莫及，只好无奈地摇头叹息。

在书坊菜园里发现其仰面朝天，抓住一片树叶在不断翻动
色彩艳丽，呈古铜色，卵圆形
抓在手中时能感觉到它的两只前爪在推开手指

# 花瓣船

　　大雨过后，天气又很快地热了起来。

　　一片玉兰花瓣凋落在路旁，已经被太阳晒得弯了起来，像一艘搁浅的小船。

　　一只口渴的小蚁正在到处找水喝，突然欣喜地发现花瓣船里竟积了些雨水，它费力地攀上船沿，迫切地用触须试探着水面。

　　还没学会游泳，小蚁好害怕掉进水里。它小心地在水边绕了一周，终究还是没敢喝一口。

　　这时，一只苍蝇飞了过来，稳稳地降落在花瓣船的积水边，收起翅膀，一边大口大口地喝水，一边发出满足的哼唱声。

　　小蚁见状，赶紧离开了。

　　它要赶快去告诉自己的同伴们，花瓣船里有水可以喝！

长长的六条腿及长长的触角
应该是长足捷蚁

在书坊这种蚂蚁的数量并不是最多的
好像很好斗
曾经看到两只小蚂蚁互斗

# 等待日出

　　小蜗牛渐渐长大了，它不愿像其他老蜗牛一样，总是待在墙角和烂菜帮子上，一辈子不敢抬头见阳光。

　　于是，小蜗牛摸索了一个晚上，总算爬到了菜园里最高的那片叶子上，它就是想看看日出，看看日落。

　　可今天是阴天，太阳一直不肯露脸，小蜗牛依然很有耐心地等待着。

　　中午了，一只绿头苍蝇从头顶飞过。小蜗牛竖起两只长长的触角，紧紧地盯着苍蝇飞翔的身影，直到它消失在空中。

　　小蜗牛感到非常新奇，无比羡慕。小蜗牛很笃定这就是传说中鸟的模样。

　　傍晚了，小蜗牛还是没看到太阳。

　　但它一点也不后悔，因为今天，它亲眼看到了一只"大鸟"的飞翔。

盼太阳的小蜗牛

# 一场冲突擦肩而过

月光如水，我一个人坐在天井喝茶。

除了蟋蟀的一两声鸣唱，听不到一点其他的声响。

昏暗的灯光照在木格窗上，一只灰色壁虎正埋伏在木格中间，灵活地转动着眼睛，不时伸出自己长长的舌头捕捉面前飞过的小虫。

一阵轻微的响动，引得我转头探看。

原来是一只蜈蚣，它那 21 对脚交替着爬过木格时，发出了窸窸窣窣的声音。

这只蜈蚣，红头、绿身，钩状的腭牙闪着幽光，大摇大摆的样子，如入无人之境。墙上的蛾子、蚊蝇四散逃窜，连蜘蛛也悄悄退缩到墙角。

壁虎觉察到了这非同寻常的响动，于是也爬上木格，发现是蜈蚣，马上又退了回来。蜈蚣沿着木格继续向上游动，壁虎则在两格之间向下爬行。当双方距离已经很近很近的时候，它们都稍微停顿了一下，然后立刻沿着各自的方向继续前行，谁都没有敢越过木格一步。

蜈蚣和壁虎都在五毒之列，若真的狭路相遇，一定难分胜负。

所以，刚刚是真的没看见对方，还是心知肚明地避让？

月光如水的夜晚，一场冲突擦肩而过。

蛇

蟾蜍

壁虎

蝎子

蜈蚣

● wǔ dú
五　毒

民间对五种有
毒动物的合
称，包括：蝎
子、蛇、蜈蚣、
蟾蜍、壁虎。

# 竹枝上的尺蠖

时间：09.30
地点：北草园

　　地面已经被无数只蚂蚁搜寻了无数次，没有一点点可以吃的东西。

　　于是一只蚂蚁爬到竹枝上，想要碰运气，想着说不定会遇到虫卵或刚出卵壳的虫子，却惊扰了正在竹枝上打盹儿的尺蠖，尺蠖吓得屏住呼吸，一动不动。

　　蚂蚁从上到下，从左到右，把整个竹枝都探了个遍，累得腰酸腿疼、精疲力尽，还是什么虫子也没有找到，只好沮丧地回到地面。

　　这时，一直"钉"在竹枝上的尺蠖伸了伸腰，终于舒了口气。

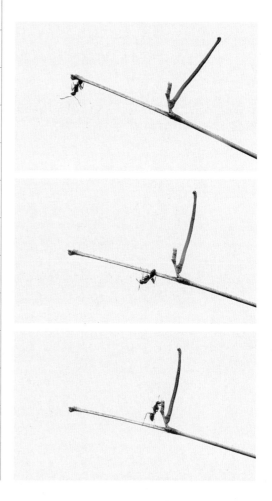

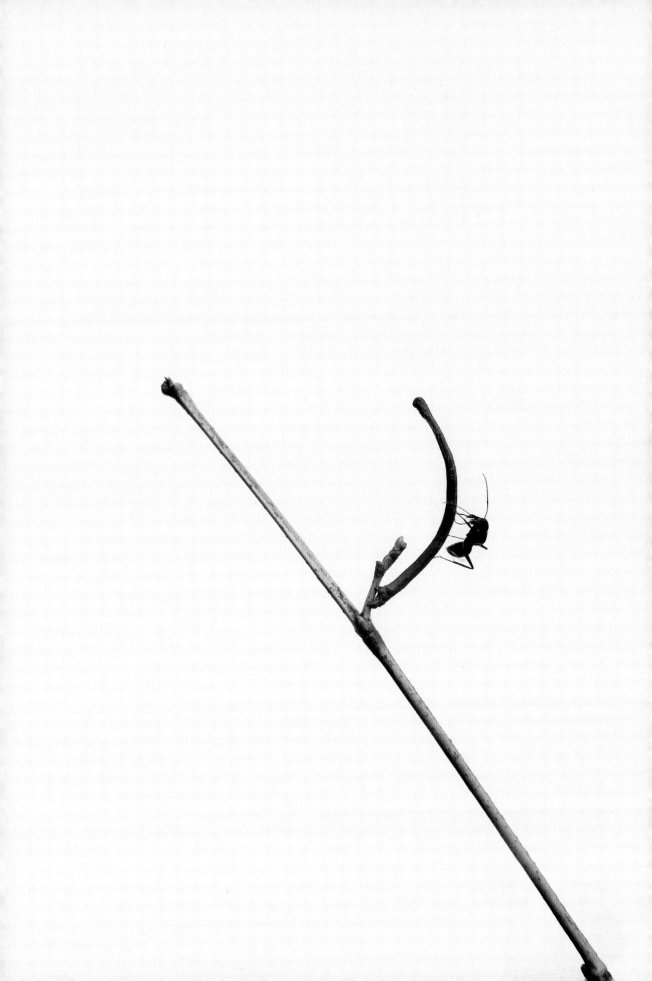

# 小蜥蜴的尾巴

时间：03.09
地点：书坊后院

    书坊的后院改造完工后，我把用剩的砖头码齐。突然，一只受惊的小蜥蜴从一堆砖头中蹿了出来。

    四面都是墙，惊恐的小蜥蜴在院里速度飞快地到处乱撞，总算找到一道砖墙缝，便一头钻了进去。可缝很浅，小蜥蜴的臀部和尾巴只能暴露在外面。

    我蹲在砖头缝的前面，好奇地看着小蜥蜴的尾巴。

    我用树枝轻轻地碰了碰它，只见小蜥蜴拼命地摇尾挣扎；我又把树枝折成了两截，像用筷子一样去夹小蜥蜴的尾巴，想把它从墙缝里拖出来看个仔细。

    这回小蜥蜴惊慌得不行，尾巴摇动得更加厉害了。突然，它把尾巴甩断了。那条断尾在地上摇个不停，见到此景，触目惊心，我于是赶忙扔掉树枝，退出了院子。

书坊有一只灰色小蜥蜴，个头不大却非常敏捷，跑起来速度非常快，而且能迅速转弯。身体很长，四肢很短。遇到危险时会割断尾巴自救。

    过了几天，在门口的木板地上，那只断尾自救的小蜥蜴和我迎面相遇。看着小蜥蜴断了一截的尾巴，我愧疚不已。

· xī yì
蜥 蜴

俗称"四脚蛇"，是一种常见的爬行动物，周身覆盖着角质鳞片。许多蜥蜴能自己将尾部割断，断下的尾能迅速扭动以吸引捕食者的注意，让蜥蜴趁机得以逃脱。

# 美丽的灾难

时间：09.11
地点：门前矮墙

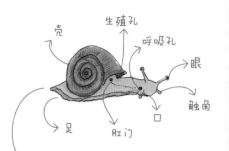

蜗牛喜欢钻入腐烂的泥土中栖息、产卵，喜潮，怕水淹，水淹可使其窒息。受到伤害后会将头和身体缩回壳内并分泌黏液将封口堵住。外壳损害时能分泌物质修复肉体和外壳，具有很强的忍耐力。

生存能力惊人，对冷热、饥饿、干旱都具有很强的忍耐性，黏液对身体有保护作用。

　　一只蜗牛在一个五六岁的小女孩手掌中爬行着，乳白色的壳，半透明的身体，两只细长的触角，边缘镶着深赭色花纹的螺旋形壳，迎着光看，好似镶了金边。书坊周围的蜗牛有好几个品种，但我还从没见过这么好看的。

　　一个小男孩见这只蜗牛好看，非要借来一玩，女孩哪肯。男孩便粗暴地要去抢夺，纠缠中，蜗牛被摔到了地上，还被踩上了一脚。

　　蜗牛壳有一大半都破裂了，露出血肉模糊的身体。被踩扁了的蜗牛失去了原来好看的模样，女孩皱着眉头捡起它，随手放在路边的青砖矮墙上，噘着嘴走开了。

　　蜗牛拖着破碎的壳艰难地爬行着，刺眼的阳光炙烤着身体，壳损坏了大半，再也无法复原，对于蜗牛来说，没有了壳就无法生存。

蜗牛壳坏了虽然可以自行修复，但不可受其他动物干扰，尤其是蚂蚁、萤火虫等，因为蜗牛没防御能力，只能待在僻静处。

长满青苔的青砖上，蜗牛已经没有力气继续爬行了，只好默默地忍受痛苦，等待死亡。

　　身旁，有一只烟管蜗牛正在酣睡，它的壳布满泥污；还有一只懒懒的鼻涕虫在悠闲地散着步，身上粘满了自己的唾沫和鼻涕，黏黏糊糊。

　　此刻，这只破了壳的蜗牛一定希望自己长得像烟管蜗牛和鼻涕虫一样难看。

# 受伤的蜗牛母亲

时间：08.03
地点： 青砖矮墙

　　书坊门口的青砖矮墙旁，一只蜗牛妈妈刚刚摔成了重伤，壳上有一个很大的窟窿。

　　蜗牛妈妈竟然将窟窿当成了气孔，把头和颈子一起伸了出来，这样它就很难再把身体缩回壳里去了。即使能缩回壳里，这么大的窟窿肯定会招惹很多蚂蚁和蚊虫。

　　蜗牛妈妈的身体轻轻蠕动着，触角微微颤抖着，看起来无比痛苦。

　　在它的背上，一只小蜗牛正惊恐地盯着一只蚂蚁，因为这只蚂蚁正在撕咬着妈妈的身体。

　　而在蜗牛妈妈的气孔里，还藏着一只更小的蜗牛，它正躲在妈妈的壳里酣睡。

　　这只小蜗牛一定认为：这里是全世界最安全的地方。

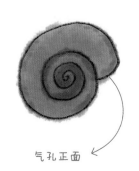

气孔正面

气孔背面

# 鼻涕虫的鼻涕

时间：09.10
地点：书坊后院

细腰蜂平时无巢，只有产卵时才筑泥巢。

　　秋天的正午，在后院的墙上，一只鼻涕虫拖着臃肿的身体正在闲逛。微风吹过，几片桂花花瓣飘落在身旁，鼻涕虫似乎也被衬托得不那么令人生厌了。

　　鼻涕虫的长相不太好看，而且整天拖着鼻涕，就像一整个夏天都得了重感冒，所以连个像样的朋友都没有。

　　没有朋友聚会扎堆，自然也就多了一份清闲，鼻涕虫总是独自悠闲散步，似乎早就已经习惯了这样的孤独。

　　一只细腰蜂飞了过来，它的细腰可真是让鼻涕虫相形见绌。鼻涕虫好奇地看着眼前这位标致的美女。

　　细腰蜂也端详着鼻涕虫：肥嘟嘟，肉滚滚，一根毒刺或者杂毛都没有。如果能把这家伙弄回巢里，孩子们这个冬天的口粮就都解决了。可细腰蜂再一想，鼻涕虫这黏黏糊糊的样子，孩子们见了估计一点食欲也没有。

　　细腰蜂瞥了鼻涕虫一眼，扇起翅膀，扬长而去。

- xì yāo fēng
  细 腰 蜂

  喜独栖，因其腹部前端呈杆状，故名细腰蜂。捕捉昆虫和蜘蛛时，先用针蜇，再用钳状上颚揉捏其颈部使之麻痹，将之封入泥室，并在其体内产一卵。

# 两只蚂蚁在打架

时间：08.06
地点：书坊窗台

窗台上，有两只蚂蚁，一只的头大些，另一只的身材很瘦小。

不知道究竟是生死格斗，还是比武过招，总之这一大一小两只蚂蚁都摆出对战的姿势，气氛很是紧张。

相持了足足两分钟之后，小蚁首先发起攻击，它一口咬住大头蚁右边的触须，死命往后拖拽。大头蚁疼痛难忍，本能地向后扭头，小蚁却死死地咬住不放。大头蚁块头大，拖着小蚁的身体向前慢慢移动。小蚁紧紧地抓住台面，可是台面太光滑，害得它整个身体都被拖动起来。

大头蚁很愤怒，猛地转头想反咬一口，哪知小蚁早有准备地往后猛退了一步。大头蚁一个踉跄，在半空中扭曲着身体，而小蚁仍旧紧紧咬住它的触须，继续

死命往后拖拽。

　　大头蚁不再还击，好像准备认输了，就这样，两蚁又一动不动地僵持了好久……突然，大头蚁一个急转身，用右前肢卡住小蚁的脖子，抬起右后肢，骑在小蚁的身上。

　　就这样，小蚁一下子被大头蚁控制得动弹不得。但大头蚁的右触须仍在小蚁的嘴里。大头蚁无法再忍耐，卡住小蚁的脖子，用力高高举起，狠狠地摔在了台面上。

　　小蚁的身体被重创后，手脚也没了力气，瘫软了下来。但是，大头蚁的触须仍然在小蚁的嘴里。小蚁一用劲，大头蚁也就势倒地。

　　这场争斗进行了半个小时，耗尽了两蚁的体力。争斗结束后，小蚁好像已经不能走动了，于是大头蚁把小蚁扛起来离开了桌面。当然，触须还被小蚁咬在嘴里。

# 戴着脚镣的蚊子

时间：10.29
地点：展厅窗台

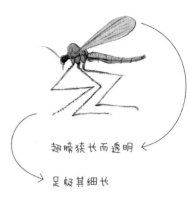

翅膀狭长而透明

足极其细长

　　窗台上有一只蚊子一直振动着翅膀，摇摆不定，像个醉汉在跳舞。

　　可能是太疲倦了，蚊子瘫软在窗台上休息了片刻，可没多久，又用长腿支撑起身体做起了同样的动作。

　　蚊子到底要做什么？

　　我仔细一看，原来在蚊子的腿上，缠着一根极细的蛛丝，而控制着蜘蛛丝的，正是它身后不远处的小小幽灵蛛。

　　蚊子还在不停地上下飞舞着。

　　小幽灵蛛眼看蚊子有可能要挣脱，索性用力把蚊子扯落了下来，自己也跑到蚊子的脚边，迅速吐了一些丝把蚊子的两条后腿也都缠住，就像戴上了脚镣。

　　慌乱的蚊子扇动翅膀要飞离窗台，却因"脚镣"而重重摔倒。

　　幽灵蛛远远地看着忽降忽升的蚊子，就像牢牢地控制着一只风筝，得意洋洋。

● yōu líng zhū
幽 灵 蛛

因喜欢隐藏在房间的阴暗角落而得名。中型蜘蛛，屋内阴暗角落常见。腹部长筒形或隆起。步足极细长，超过体长 3 倍，有织网习性，但网不规则。

# 糊涂的蜘蛛，无奈的尺蠖

深秋了，大树的脚下一地落叶。

尺蠖选择了一根光秃秃的树枝，想尽情地再晒最后一次太阳。明天就要钻进这树根旁的泥土中，度过漫长的严冬，一直等到明年化蛹为蛾。

尺蠖爬上靠右的枝干，选了一个最舒服的姿势。为了免于被别人骚扰，它把自己变成了一根"枯枝"。

一阵瘙痒，尺蠖被惊醒。眼一睁，一身冷汗。一只蜘蛛正在面前上下忙碌，尺蠖已经被没头没脸地吐上了蛛丝。原来这只糊涂的蜘蛛错把尺蠖当成了真的树枝，想在此处织网狩猎。

尺蠖吓得一动也不敢动，只是想晒晒太阳，没想到遇着这么大的麻烦。

蜘蛛在熟练地织网，尺蠖半弯着腰早已累得够呛。

难道这一整个冬天，尺蠖都必须冒充这根倒霉的树枝？

尺蠖因缺中间一对足，故以"丈量"或"屈伸"的步态移动

成虫翅大，体细长有短毛，触角丝状或羽状，称为"尺蛾"

# 秋风中的步甲虫

时间：11.20
地点：北草园

　　秋风把步甲虫送到残败的蒲公英上。

　　深秋季节的步甲虫，翅膀已经渐渐没了力气。

　　只是那红色的围脖在灰蒙蒙的天空下依然格外醒

目。步甲虫是不是想借助蒲公英的种子飘向空中，去找

过冬的地方？

　　可是，蒲公英的种子差不多都已经被风借走了呢。

# 风雪中的蜗牛

时间：02.19
地点：展厅北墙

天气骤冷，书坊里的小虫子们纷纷都躲起来了，只有一只蜗牛静静地粘在墙壁上，离地不到一人高。我有点担心，于是凑近了去看它，蜗牛的壳还完好无损，而且气孔与墙壁之间有一层黏膜封得很牢。

难道这只蜗牛是在夏天睡过了头，不知道已经是深秋了？这么冷的天气，还不找地方避寒，难道准备就这样熬过一个冬天了？

每天路过这只蜗牛的身旁，我都会放慢脚步，看看它有没有移动的痕迹。

寒露了，霜降了，天气越来越冷，蜗牛依然待在原处，丝毫没有移动。

转眼已经到了年末，下了一场小雪。

风雪中，蜗牛依然牢牢地钉在墙上，壳上积满了雪。我不敢把它强行移走，害怕把它的壳弄破。

我站在蜗牛面前，低头吹掉壳上的积雪，衷心祝福它好运。

但愿眼前的蜗牛能平安地度过这寒冷的冬天。

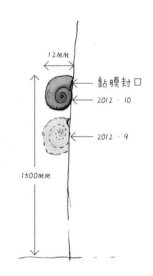

12mm
1300mm

黏膜封口
2012·10
2012·9

此蜗牛从九月份起就在此处移动，后来下了一场雨，有向上移动的痕迹，再后来从十月份至今未移动。2013.02.19

隆冬季节，每当我看到皑皑白雪覆盖下的书坊，总是想到地底下的小虫。

大雪像厚厚的棉被，这样小虫们在地下是不是更暖和一些？

随园书坊本来就是小虫们的家园，因为有了它们，书坊变得热闹、丰富，充满了生气。

感谢小虫们，你们义务充当了书中的主角，给我启迪和体会，也让我知道了很多小虫知道的东西。

小虫们，再坚持一下，雪一化，春天就来了。

# 看虫

　　我的童年是在乡下度过的，那时候没有什么玩具，也没有什么图书，只能对身旁的花草和地上的虫子感兴趣。有时候一看就是半天，仿佛自己变成了一只小虫。

　　后来到城里读书、工作，整天处于一种疲于奔命的状态，关于虫子的各种记忆也慢慢被封存起来。

　　随着年龄的增长、工作压力的增大以及身体健康状况的变化，我不得不放慢奔跑的脚步，甚至停下手中的事情，坐下来休息。慢下来，我又能看到身边爬行的各种虫子，而且和儿童时期的感受亦有所不同。

　　我看虫还是以看为主，以拍为辅，也从未把小虫子拿来钉在框里当作标本，更不敢去解剖了。当然，拍也是为了积累创作素材和激发灵感，既未使用大而笨重的专业设备，也没过分

被放归自然的拉步甲

068

追求照片的画质和构图。其实最精彩的画面并没能拍下来，因为看得入神，就会忘记使用相机。如此一来，只能把没有来得及拍摄的情况，用一些简单的文字描述来补充。

以什么样的角度来看虫子之间的各种争斗，这一直也是我犯难的地方。织网的蜘蛛、带壳的蜗牛、长着毒刺的马蜂，还有齐心协力的蚂蚁，到底该去帮谁？我也知道自然自有它的平衡法则，这一切应该由自然去决断，不过，我还是常常倾向处于弱势的一边。

在小虫们短暂的一生里，时常为了一粒米、一个粪球、一只同类的尸体去争斗、掠夺、伪装、残杀……看到这些，自己争强好胜的心火也慢慢熄灭下来。虫的世界，就像镜子一样不时地照见我自己。

有时还会想到，当我趴在地上看虫的时候，在我的头顶上，是否还有另一个更高级的生命，就像我看虫一样，在悲悯地看着我？

尺蠖被从光滑的桌面移放到树干上

断翅的蝴蝶被安放到隐蔽的地方

从蜘蛛网上救下的天牛

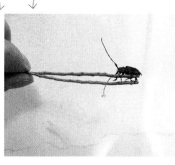

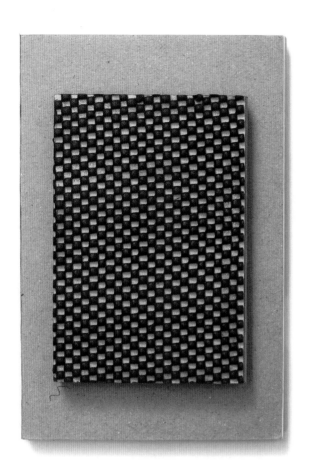

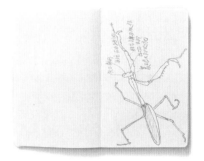

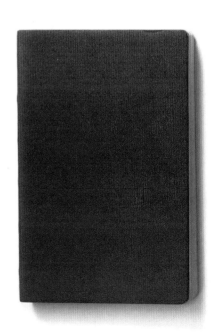

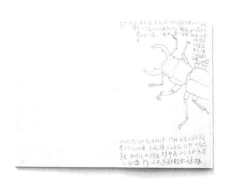

艺术家
书籍设计师
图书策划人
黑发微卷，一副圆眼镜，一身粗布衫
常常与植物为伴，与虫子为伍

朱赢椿

　　他的设计作品不仅多次获得
"最美的书"国际大奖，还曾在德国、
韩国、英国、日本等国家巡回展出。
　　2004年，他开始自主策划选题
并进行创作，把内容与独特的装帧
设计完美地结合了起来，引起了广
泛的关注。《蚁呓》《蜗牛慢吞吞》
《空度》等由其创作并设计的图书
多次获得"最美的书"国际大奖，
2014年出版的《虫子旁》更获选"2014
年度中国好书"。2015年出版的《虫
子书》，历经数年酝酿，全书无一
汉字，皆由虫子们自主创作而成，
2015年9月于南京艺术学院美术馆
举办《虫子书》特展"虫先生"，
受到了艺术界、出版业、设计界人
士的高度关注，并被大英图书馆永
久收藏。

朱赢椿的
虫子朋友们

图书在版编目（ＣＩＰ）数据

虫子旁 / 朱赢椿著. — 长沙：湖南科学技术出版社，2016.8
ISBN 978-7-5357-9012-5

Ⅰ. ①虫… Ⅱ. ①朱… Ⅲ. ①昆虫－少儿读物 Ⅳ.
①Q96-49

中国版本图书馆CIP数据核字(2016)第180658号

虫 子 旁
CHONGZI PANG

朱赢椿 著

出 版 人　张旭东
出 品 人　陈　垦
责任编辑　林澧波
装帧设计　马亚楠
责任印制　王　磊
出版发行　湖南科学技术出版社
社　　址　长沙市湘雅路276号
　　　　　http://www.hnstp.com
　　　　　湖南科学技术出版社天猫旗舰店网址：
　　　　　http://hnkjcbs.tmall.com
邮购联系　本社直销科0731-84375808
出 品 方　中南出版传媒集团股份有限公司
　　　　　上海浦睿文化传播有限公司
　　　　　上海市万航渡路888号15楼A室（200042）
经　　销　湖南省新华书店
印　　刷　深圳市福圣印刷有限公司
版　　次　2016年8月　第1版
　　　　　2025年1月　第22次印刷
开　　本　889mm × 1194mm 1/16
字　　数　60千
印　　张　6
书　　号　ISBN 978-7-5357-9012-5
定　　价　46.00元

出品人

陈垦

监　制

张雪松　蔡蕾

出版统筹

戴涛

编　辑

郁琳

装帧设计

马亚楠

投稿信箱

insightbook@126.com

新浪微博

@浦睿文化

订购热线

010-88028034
13701371629

NEXT TO BUGS